建筑设备安装工程
观感实录点评

广州地区建设工程质量安全监督站　主编

中国建筑工业出版社

图书在版编目(CIP)数据

建筑设备安装工程观感实录点评/广州地区建设工程质量安全监督站主编. —北京：中国建筑工业出版社,2005
 ISBN 7-112-07092-9

Ⅰ.建… Ⅱ.广… Ⅲ.房屋建筑设备—建筑安装工程—工程质量—质量检查 Ⅳ.TU8

中国版本图书馆 CIP 数据核字(2004)第 141276 号

本书是编者近年在建筑设备安装工程施工质量检查以及优良工程验评过程中，对现场实物所拍照片进行有针对性的选录后，以现行国家(行业)相关标准、规范和工程质量管理的技术文件为依据，结合对建筑设备安装工程施工工艺和质量检验的实践经验，对实录的照片给出了简明扼要的点评。书后列出了点评参考的主要技术标准、规范目录，作为本书的附录。

本书可供建设管理部门、工程质量监督机构、建筑施工(安装)企业、建设单位和建设监理公司的人员在实际工程中参考。

* * *

责任编辑 常 燕

建筑设备安装工程观感实录点评

广州地区建设工程质量安全监督站 主编

*

中国建筑工业出版社出版、发行(北京西郊百万庄)
新 华 书 店 经 销
广州市一丰印刷有限公司

*

开本：787×1092 毫米 1/16 印张：11⅛ 字数：271 千字
2005 年 1 月第一版 2005 年 1 月第一次印刷
印数：1—3000 册 定价：**88.00** 元
ISBN 7-112-07092-9
TU·6325(13046)

版权所有 翻印必究
如有印装质量问题，可寄本社退换
(邮政编码 100037)
本社网址：http://www.china-abp.com.cn
网上书店：http://www.china-building.com.cn

主　　审　邓真明

主　　编　张力君

副 主 编　邓颖康　袁建强　程善胜

参编人员　张　勇　陈　熙　杨少华　李召炎
　　　　　吴宗泽　邓伟华　陈　勇　肖健松

主编单位　广州地区建设工程质量安全监督站

参编单位　广东省工业设备安装公司
　　　　　广州市机电安装有限公司
　　　　　广州日立电梯有限公司
　　　　　广州市第四建筑工程有限公司

前 言

随着我国经济建设的发展及人民生活水平的提高，广大用户对建筑物的安全性和使用功能的要求越来越高。建筑设备工程作为建筑物重要的、必不可少的组成部分，近年来的发展也日新月异，新材料、新设备、新工艺不断涌现，并广泛应用于建筑工程中。与此同时，建筑设备安装工程的施工工艺及质量水平，也面临着需加快改进和提高的形势。

近年来，全国各地建筑设备安装工程施工队伍，在参与市场竞争的大环境下，配合建设工程创优质活动，依照国家有关建筑设备安装工程施工技术标准、规范，结合当地实际情况，注意不断改进施工工艺，克服质量通病，在提高建筑设备安装工程质量方面取得了较为显著的进步和业绩。然而，目前各地的建筑设备安装工程质量和工艺水平良莠不齐，在许多工程中都不同程度地存在各种质量缺陷或不足，对照有关标准、规范和精品工程的要求，还存在一定的差距。进一步提高建筑设备安装工程的质量（包括观感质量），确保建筑物的安全性和使用功能，多创精品工程以满足国家经济发展和广大人民群众的需求，是建设工作者肩负的历史责任。为此，广州地区从事建筑设备工程监督检测和安装施工的工程技术人员结合优良工程验评和日常的监督工作，拍摄了一些建筑设备安装工程较有代表性的实物照片，内容涵盖建筑给排水、消防灭火、建筑电气、智能建筑（弱电）、通风空调、电梯等各类专业的建筑设备工程。同时根据国家有关设计及施工质量验收规范，结合有关安装工程的工艺措施和质量通病治理措施，对照片进行整理、点评后成册，供有关管理部门、工程质量监督站、建筑施工和建筑设备安装企业、建设和监理等单位人员在工程建设管理中参考与借鉴。

编印本书，是广州地区从事建筑设备安装工程施工、检测和质量监督等管理工作者勤奋钻研，积极推进建筑设备安装工程质量水平提高和创优活动开展的体现。由于编写时间和编者水平的局限性，本书难免存在不妥或不足之处，作为抛砖引玉，我们祈望得到有关专家和同行的批评指正，共同为促进建筑设备安装工程质量水平的不断提高而努力。

编 者

目 录

一、建筑给水排水(含消防灭火)工程 …………………………………………… 1

二、建筑电气工程 ………………………………………………………………… 47

三、智能建筑(弱电)工程 ………………………………………………………… 96

四、通风与空调工程 ……………………………………………………………… 100

五、电梯工程 ……………………………………………………………………… 124

六、兼有两个以上分部的建筑设备安装工程 …………………………………… 137

七、附录:点评依据(参考)的主要技术标准、规范目录 ……………………… 168

一. 建筑给水排水(含消防灭火)工程

图 1

图 1：立式消防泵及与其配套的管道、阀门、支托(吊)架和管卡排布整齐美观，设置合理。泵房地面和泵基础的贴砖、支托架的护脚墩工艺精细，观感甚佳。

图 2

图 2：泵房内立式泵和管线布置整齐、美观，色标和字样清晰明确。在泵吸入管上面设置了保养维修的平台(通道)，在地面上涂了地板漆。泵房的使用功能和观感质量均良好。

图 3

图3：水泵出水管道设置可曲挠接头和托架，工艺合理、符合规范、使用功能和观感均良好。是一种具有隔振和固定作用的工艺措施。

图 4

图4：生活给水泵房的立式水泵和气压罐进、出水管道和阀门排列整齐美观；泵、阀挂牌标识明确；管道支托架设置合理、整齐；地面贴砖和基础涂漆有利于改善运行维护的环境。但泵进水口处的基础顶面局部过高，与进水管、阀的法兰产生位置干涉。

图 5

图5、图6：在水泵进出水干管最低点设排水支管，统一连接并汇入到排水干管排出至集水井。可改善操作和维修环境；并及时排出干管和泵体内剩水，以减轻管道和泵机座因积水而造成的水泵锈蚀。水泵机座采用减振弹簧。操作区与通道以警示色标分开(图5)。

图 6

图7、图8：泵体泄水孔用管道连接,将积水引至基础周边的排水明沟,既美观又可防止泵体及地面长期潮湿。

图7

图8

图9、图10：卧式消防水泵排列整齐美观。电动机与泵体之间的联轴器(外露旋转部件)配置了防护罩,有利于防止运行维护中的人身意外伤害。

图9

图10

图 11

图11：泵泄水口引管作集中排放处理，可防止地面长期潮湿，便于运行管理的操作并避免底座锈蚀。

图 12

图12~图14：消防(消火栓和消防喷淋)泵房的管道、设备排布整齐、美观，工艺精细。且设置标牌提示运行状态。

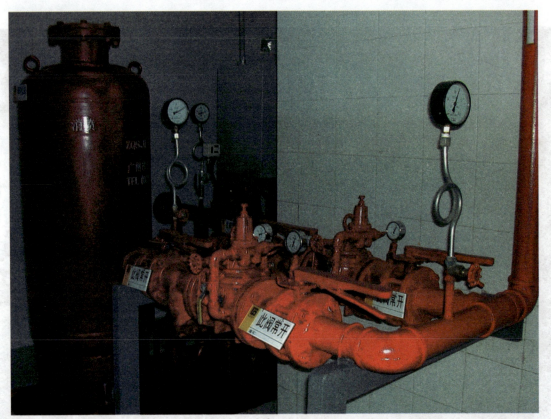

图 13

图 14

图 15

图15：各种管道排列整齐、美观，色标明确且有介质流向指示，支吊架安装工艺规范。在大阀门处专门设吊架，支承牢固可靠。

图16：各种管道排列整齐美观，涂色标示明确，吊架管卡工艺规范精细。但管道涂漆尚不均匀，且管道及吊架被污染。

图 16

图 17

图17：自动喷水灭火系统管道敷设平正、顺直，吊架设置整齐规范，安装观感质量良好。

图 18

图18：管道安装排列整齐，防护措施考虑周全，观感良好。如果能将接口外露的填料清除且在水表后的短管段设置管卡支架则更好。

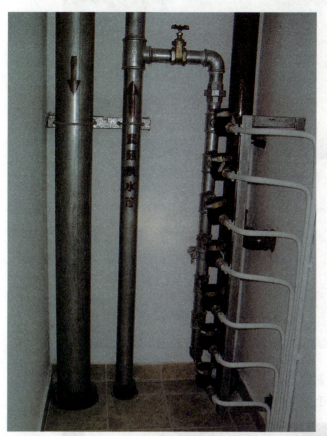

图19：管井内生活给水干管和支管选材正确合理,工艺精细,观感良好。其中,分户水表入口前采用镀锌钢管内衬塑料的复合管材；水表出口后采用铝塑复合管材。钢塑管与管件的丝扣连接工艺、铝塑管的连接和弯管工艺均佳。

图19

图20：屋面管道的管卡、支架及其护脚墩台设置合理。水池溢流管出口配置了封盖配件,有利于防止水池被污染。管道、支架与屋面墙、地装饰协调美观。

图20

图 21

图21：屋面消防管道油漆均匀、标识明确。支架布置合理，工艺细致；与地面接合处设置棱锥状的支架护脚，有利于支架根部的防腐，延长支架的寿命。

图 22

图22：溢流管出口配置防污染封盖配件，符合《建筑给排水设计规范》2.8.5条关于溢流管出口防护原则的规定。

图23：小口径给水管道的管卡借助型钢作固定连接是一种可取做法。

图23

图24：管道油漆工艺细致,用途和介质流向标识清晰,但个别字样方向颠倒。

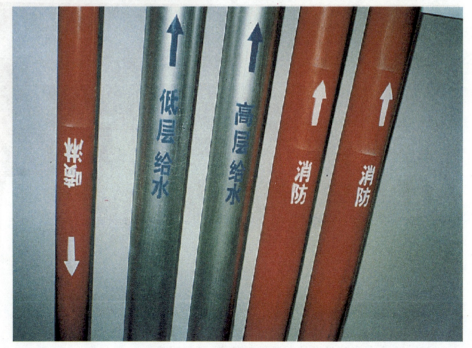

图24

图 25

图25：自动喷水灭火系统的大口径管采用沟槽式管件(管箍)连接。避免了镀锌钢管与管件焊接损坏镀锌层(即降低管道系统的抗腐蚀能力)。符合《自动喷水灭火系统设计规范》和《自动喷水灭火系统施工及验收规范》的有关规定。

图 26

图26：室内消防供水接合器排列整齐,标识明确。

图 27

图27：水平走向的大口径卡箍式铸铁排水管采用角钢整体桥架式吊架支承,代替常规的密集设置单个吊架支承方式;牢靠美观,工艺简便。

图 28

图28：泵房管道、设备布置美观。在集水井的抽水泵处装置了美观、牢固的盖板和护栏,有利于运行中提高安全和维护性能。如能在护栏处开设检修活动门则更好。

图 29

图 29、图 30：集水井盖板周边标识明显,起到警示作用。

图 30

图 31

图31：在建筑外墙敷设的排水立管和横管平直，管卡距离一致。能与建筑外立面配合协调，观感较好。

图32、图33：排水系统的屋面通气立管下段用砌体包封、装饰。既满足管段固定和根部防水，又与整体建筑装饰协调，美观实用。

图32

图33

图 34

图 34、图 35：屋面通气管标识明确。采用连体管卡,使 PVC 管的强度和刚度均能增加。

图 35

图36：当屋面单根透气管离墙较远，不便设支架管卡时，穿越屋面的钢套管延长；既能起到套管原有的作用，又能对透气管起到增加强度、刚度和保护作用。钢套管口处灌填油膏类防水材料，钢套管根部做成贴砌瓷砖的护脚墩台；工艺精细，美观实用。

图36

图37：对屋面离墙较远的透气管，在其旁边竖立仿透气管式的支承管(无透气管作用)，与透气管用管卡连结，互相支持。这是透气管支承一种新的工艺措施。但应在透气管和支承管上设文字标识，以便于维护保养。

图37

图38

图38、图39：对屋面独立的单根透气管,增设外围式型钢护套架,也是一种可行的支承方法。

图39

图40

图40、图41：管道穿墙处的外饰面处理较为精细美观。但穿墙套管应按《建筑给水排水及采暖工程施工质量验收规范》3.3.13条的规定：套管端与墙饰面相平(而不是凸出墙的饰面)。

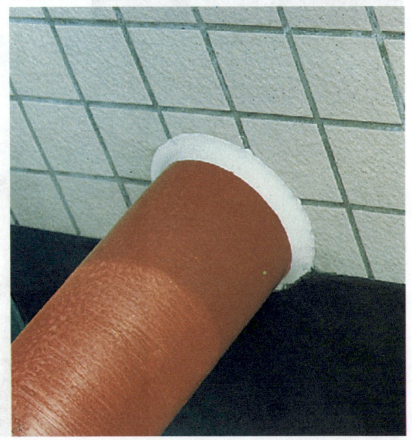

图41

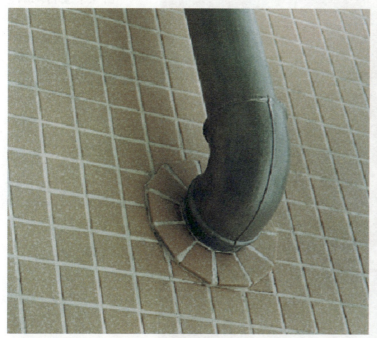
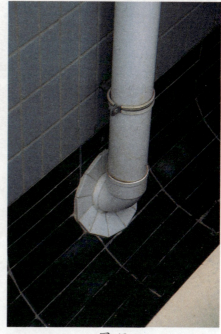

图42　　　　　　　　　　　　　　　　　图43

图42、图43：管道穿出墙面处装饰与建筑物饰面协调一致，观感较好。但未能按《建筑给水排水及采暖工程施工质量验收规范》3.3.13条规定设置穿墙套管。

图44

图44：通气管出屋面处能按《建筑排水硬聚氯乙烯管道工程技术规程》4.1.13条和4.5.4条的要求施工。在通气管穿屋面处加装套管，在通气管与钢套管之间以柔性防水材料填充作防漏措施。

图45：室内地漏、排水管穿楼板处的套管及管口防水充填做法规范、美观。

图45

图46

图46：地漏与其周边的集水区协调配合，工艺精细，装饰观感效果较好。

图 47

图47：在硬聚氯乙烯(PVC-U)塑料排水立管穿过高层建筑楼板处设置阻火圈。符合《建筑给水排水及采暖工程施工质量验收规范》5.2.4条规定，有利于提高建筑物防火安全性能。

图 48

图48：多级水泵渗漏，造成泵体严重污染。

图 49

图 49：自动喷水灭火系统管道上压力表未安装缓冲弯管；球阀把手安装位置不当，使操作受阻。

图 50

图 50：报警阀安装高度不符合《自动喷水灭火系统施工及验收规范》5.3.1条的规定。且压力表未安装缓冲弯管。

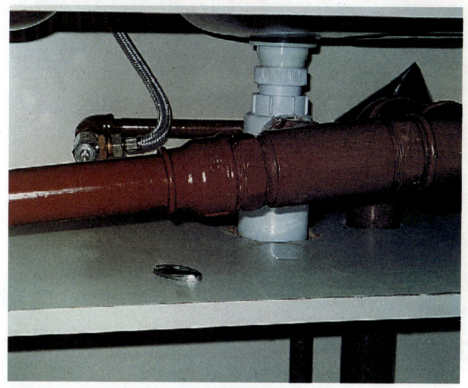

图 51

图51：洗脸盆供水管不应从消防供水管上接入，不符合《高层民用建筑设计防火规范》7.4.1条关于室内消防给水系统应与生活、生产给水系统分开独立设置的规定。

图52：压力表前未设缓冲弯管，管道表面污染，油漆工艺粗糙，螺纹连接处生料带外露部分未清除。

图 52

图53

图53：管道穿过屋面的外墙面未按有关规范规定设置穿墙套管。小口径管道在露天屋面贴地敷设(缺支架管卡)，防腐性能差且观感不佳。

图54：消防系统管道穿过建筑物变形缝。安装位置不合理(在变形缝处穿出)；对管道系统本身和建筑结构都可能造成不利的影响。

图54

图 55

图 55：由于土建与设备安装施工不协调,在已完成防水施工的屋面上安装管道时,为避免屋面防水层损坏,管道支架无法在屋面上固定,造成管道固定不牢靠。

图 56

图 56：管道波纹管补偿器的拉杆被螺母锁紧,限制了补偿器的伸缩。并且管道穿墙处未设置套管。

图57：在止回阀和闸阀两端宜设管道支架。

图57

图58：水池溢流管和放水管悬空。宜接长引至排水沟，且管口应增设防污(虫)罩盖。

图58

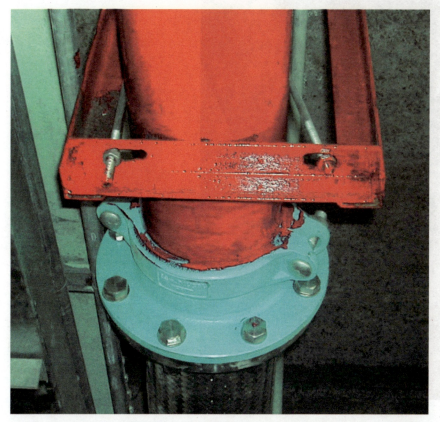

图59：管道吊架上开孔工艺粗糙(不应采用电焊或气割开孔)；管卡螺母与开孔尺寸配合欠佳(孔大螺母小)，又未加装垫圈。涂漆工艺欠精细，吊架局部漏涂，管道的红漆涂到了另一种颜色的管件处。

图59

图60

图60：管道穿墙(楼板)未设套管，且墙(楼板)开孔未及时封堵。

图61：管道井未按《高层民用建筑设计防火规范》5.3.3条的规定进行防火隔断的封堵处理。

图61

图62

图62：自动喷水灭火系统管网的管道采用焊接连接，不符合《自动喷水灭火系统施工及验收规范》5.1.3条的有关规定。

图63、图64：消防给水镀锌钢管焊接，破坏镀锌层，降低管材抗腐蚀能力。

图64

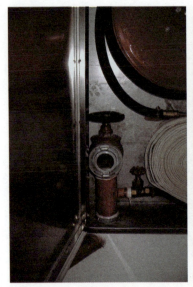

图 65

图 66

图65~图67：消火栓箱内连接水龙带的栓口阀门均装在门轴（合页门铰）一侧，过于靠近箱内侧壁和箱门边框；不符合《建筑给水排水及采暖工程施工质量验收规范》4.3.3条规定。导致灭火时难以进行连接水龙带的操作。

图 67

图68

图68：生活给水管采用普通镀锌管与塑料管两种不同材质的管材。镀锌管不利于水质清洁，在生活给水系统中已逐步被淘汰。且小管不设吊架(随意绑扎在大管上)的做法不符合规范要求，并造成观感甚差。

图69

图69：大口径干管及其引出的焊接短管连接塑料管作生活给水系统管材，选材和工艺均不规范，影响生活给水的水质。

图70：PVC-U 塑料给水管在转弯处未设支托架，以砌体作支墩。工艺和观感均不符合要求。

图70

图71

图71：管道缺支架(管卡)，穿墙处未设套管。

图72

图73

图72：塑料给水管与镀锌管连接处管卡设置不当。在金属配件与塑料管道连接部位，管卡应设置在金属配件一端，并尽量靠近金属配件。且螺纹连接处麻丝外露，观感质量较差。

图73：塑料管道敷设歪斜，管卡选配不当，管与金属管卡之间未设塑料或橡胶隔垫，且管卡锈蚀严重。

图74：地下层集水井内连接潜水泵出口的普通镀锌管采用焊接，降低管材的防腐性能(即降低管材的使用寿命)。

图 74

图75：集水井周边或井口无防护措施，有可能造成人身意外伤害的安全隐患。

图 75

图 76

图76：集水井防护措施不当，井口栏栅间格孔过大，且未做防腐处理。

图 77

图77：透气管穿出屋面未设套管，管根部的水泥砂浆已明显开裂，造成屋面渗漏。且管根部易于受损。

图78

图78：卫生器具排水配件连接处有渗漏。小管插入大管的接口处无封堵处理。

图79

图79：排水立管上伸缩节安装位置不当(应装在三通的下方)。排水横管安装坡度不足。排水横管在靠近三通处宜增设支承管卡。

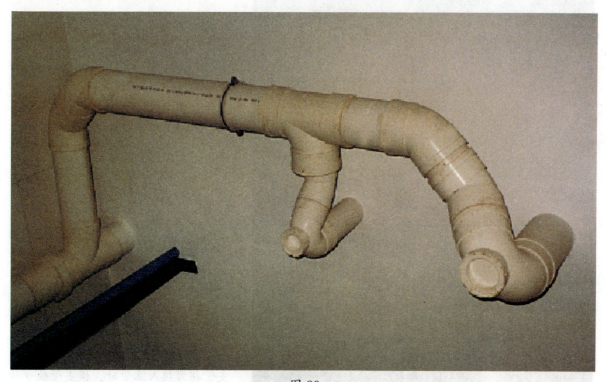

图80

图80：排水管在拐弯处宜增加支承管卡。

图81

图81：在两个不同平面上转弯的PVC-U塑料排水管缺支承管卡。

图82

图82、图83：排水竖支管通过横支管拐弯接入立管时，横支管缺少管道支吊架，且不符合《建筑排水硬聚氯乙稀管道工程技术规程》3.1.10条有关支吊架设置的规定。

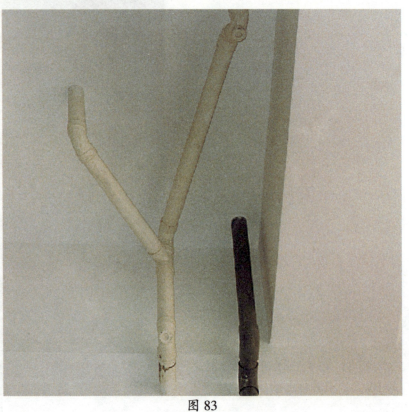

图83

图 84

图84：排水立管未按《建筑排水硬聚氯乙稀管道工程技术规程》3.1.22条的规定设检查口；且立管转成横管后在地面上敷设半明半暗(阴阳管)；观感和使用功能均不好。

图85

图86

图85、图86：PVC排水管穿屋面未设套管，且检查口高度偏高。不符合《建筑给水排水及采暖工程施工质量验收规范》3.3.13条及5.2.6条的规定。

图87：排水系统伸顶通气管穿出上人屋面处未设套管，且伸出过短。不符合《建筑给水排水及采暖工程施工质量验收规范》3.3.13条、5.2.10条的规定。且管端也未设防护帽。

图87

图88：PVC-U排水管道沿地面敷设，无保护措施，已造成破损。

图88

图89

图89：地漏安装过高，不符合《建筑给水排水及采暖工程施工质量验收规范》7.2.1条有关规定。

图 90

图90、图91：室内地漏汇水坡度过大，入口过深。地漏周边与地砖的接缝不美观。

图 91

二. 建筑电气工程

图 92

图 92、图 93：变电房内干式变压器、线槽和插接母线等布置整齐美观；在变压器周边设置了防护栏，增强了运行维护的安全性能。

图 93

图94：配电柜内结线整齐美观，导线绝缘层颜色选择正确。但柜门与柜体的跨接地线未能按规范要求采用裸编织铜线。

图94

图95：电控柜内电器元件和结线整齐美观。电器元件之间的结线端设标记端子套（色标环）；引至负载的导线绝缘层颜色选择正确，并在线端设回路标记。但柜门与柜体的跨接地线未能按规范要求采用裸编织铜线。

图95

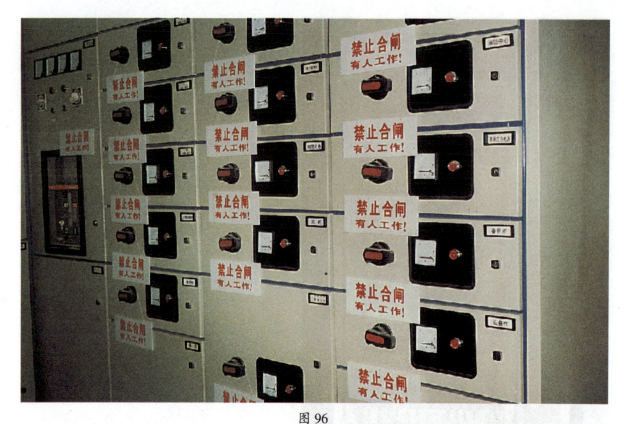

图96

图96：配电房内开关柜上标牌文字清晰，可防止误操作。

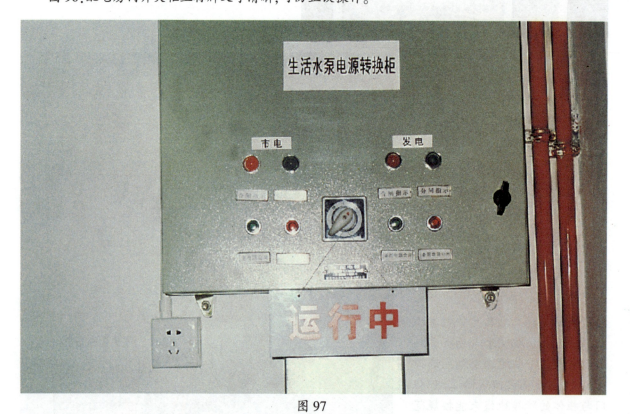

图97

图97：配电柜各开关功能标识明确，同时配置警示牌。但不足之处是配电控制柜与消防水管道距离过近。

图98：箱内电表和断路器排布观感尚可，结线选择绝缘层的颜色正确。但布线的顺直美观尚有不足。

图 98

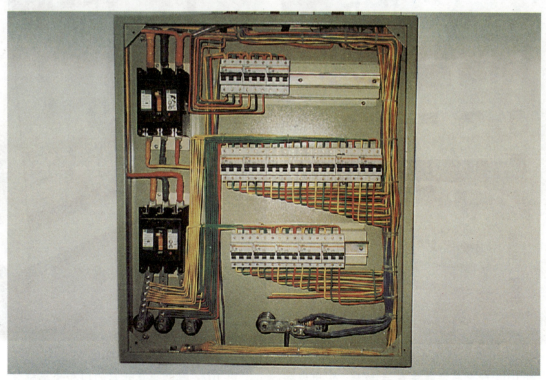

图 99

图99：配电开关箱内结线排布工艺合理，且有特色。但布线尚不够顺直美观。另外，空置的导线端部未作处理。

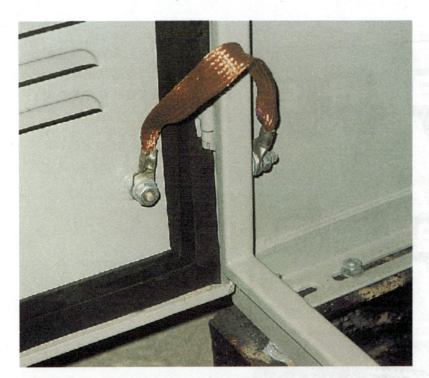

图100：配电柜与柜门之间按《电气装置安装工程盘、柜及二次回路结线工程施工及验收规范》2.0.5条的要求以铜丝编织带跨接。但引来本柜的接地保护线应与柜体铜丝编织带连接端子直接用导线连通。

图100

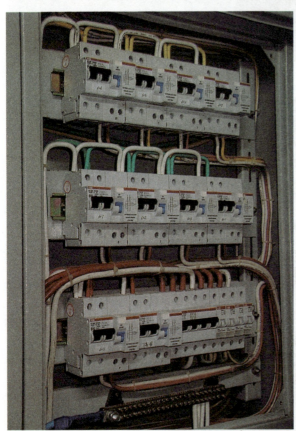

图101

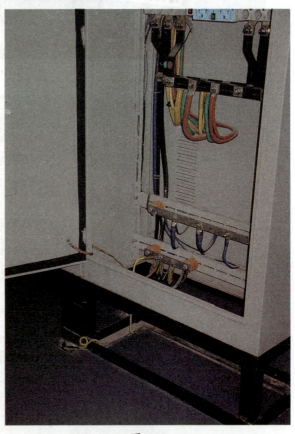

图102

图101：配电箱结线整齐，无绞接。但出现导线绝缘层颜色选择不符合规范要求的错误。

图102：配电箱及开启的门和金属框架已按《建筑电气工程施工质量验收规范》6.1.1条要求作保护接地。但存在同一端子上导线连接多于2根，且箱底(进出线处)未作封闭处理。

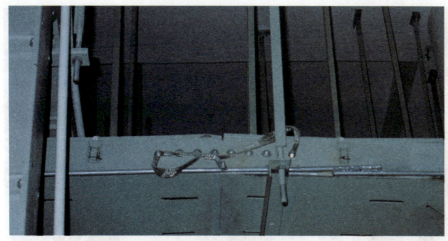

图 103~图 105：按《建筑电气工程施工质量验收规范》14.1.1条的要求，设置接地支干线及支线，将金属的导管、线槽和支吊架可靠接地。这是一种行之有效的工艺措施。

图 103

图 104

图 105

图 106

图106：喷漆金属线槽底部引出电缆的开孔处设护口塑料垫，是防止电缆外皮被刮伤的有效措施。线槽吊架侧装设镀锌扁钢作为支架、线槽接地的支干线(支架与扁钢焊接连接，且从扁钢处引出导线与线槽连通及跨接)。

图107：涂漆的线槽连接板两端的跨接地线观感良好。但跨接导线的可靠性不足(连接螺栓处未采用防松螺母或装置防松垫圈)。

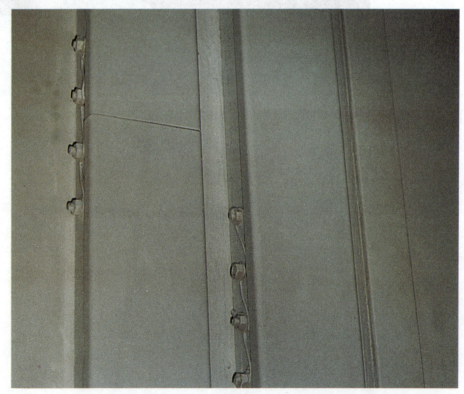

图 107

图 108

图 108、图 109：线槽穿楼板处设置挡水台阶，有利于防水和防腐。图 109 中塑料线槽根部与建筑物内墙地脚线的涂色一致，装饰协调美观。

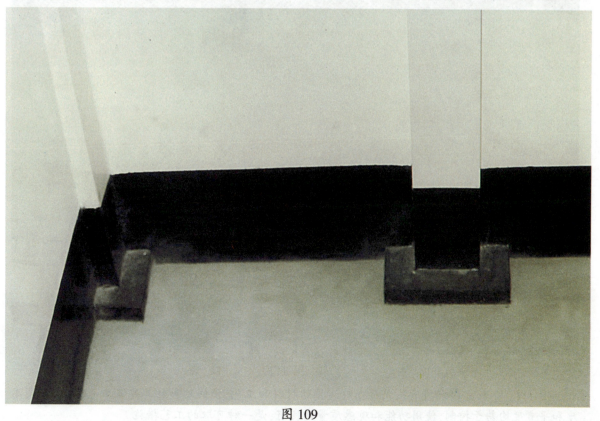

图 109

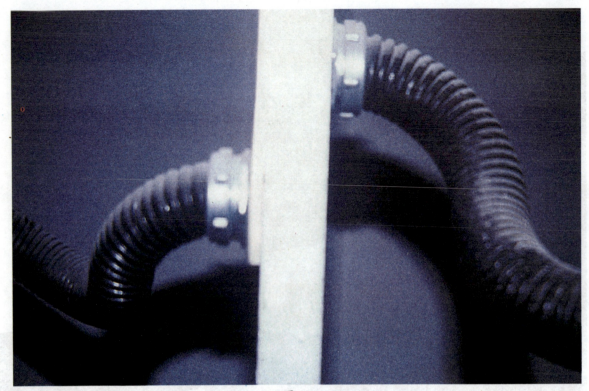

图110

图110：柔性金属导管与线槽连接，配件齐全、牢固、美观。但柔性金属导管的接头未按规范要求接地。

图111

图111：在教室内采用吊装式日光灯线槽的材料和工艺，使线路和灯具安装工艺简便，安装高度和平直度均易于控制，使用功能和观感质量均良好，是一种可取的工艺措施。

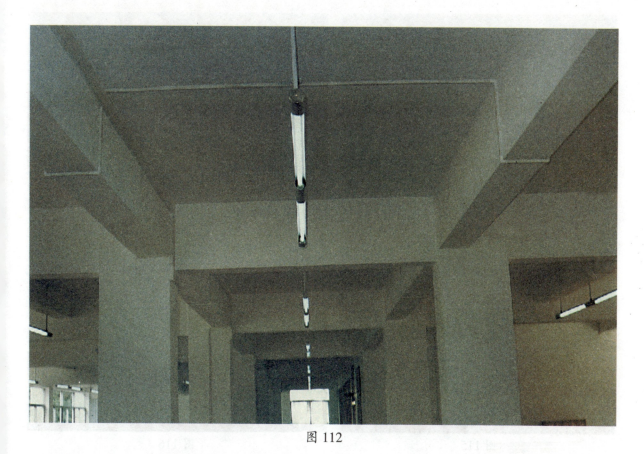

图 112

图112：灯具的安装布置一直线，平正美观。

图 113　　　　　　　　　　　图 114

图113、图114：室外(潮湿)环境(含屋面、阳台、卫生间等)装设的插座，采用防溅水型插座或加装防溅盖，使安全性能得到进一步提高。

图115

图116

图115、图116：避雷针及避雷带安装平正顺直，固定牢靠。在避雷针的根部与女儿墙连结处埋设套管，有利于增强针的强度和刚度，有利于提高针根部的抗腐蚀能力。在避雷带(针)与建筑结构钢筋连接的引下线处设标志牌，有利于对防雷设施保养维护(图116)。

图117

图117：屋面防雷带在建筑物女儿墙拐角处转弯及与避雷针焊接的工艺处理和外观较好。

图118：屋面金属构造物（广告牌架）应按《建筑物防雷设计规范》和《建筑电气工程施工质量验收规范》的有关规定与防雷带进行可靠连接。

图118

图119

图119：屋面金属管道用圆钢焊在管卡上的防雷连接做法，可避免直接在管道上焊接而使镀锌层烧损。如能将防雷连接的圆钢和管卡涂以黄绿相间的颜色则更佳。

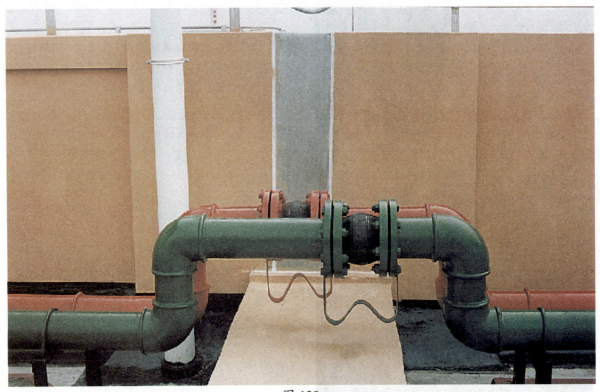

图 120

图120：在金属管道跨越屋面变形缝处，用扁钢进行防雷等电位接地(跨接)。这是一种可作伸缩补偿的防雷跨接做法。如能将防雷等电位跨接的扁钢涂以黄绿相间的颜色则更佳。

图 121

图121：屋面管道与防雷带的连接，采用管夹焊接圆钢的方式，可保护镀锌钢管镀锌层不被破坏。

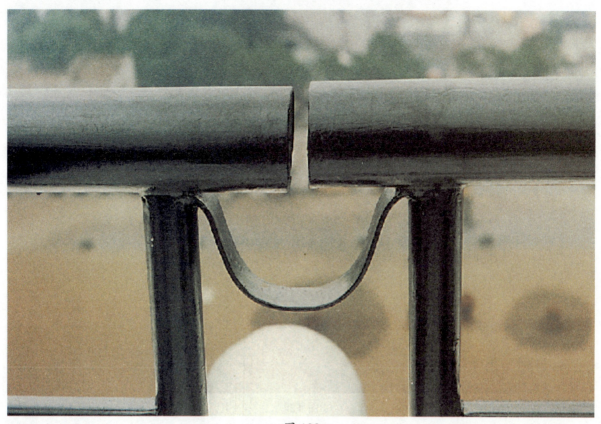

图 122

图122：用作防雷带的钢管在建筑物变形缝处焊接一弯成弧状的扁钢作伸缩补偿的连通器，这是防雷带跨越建筑物变形缝的工艺处理措施。但扁钢与钢管焊缝的搭接长度不足。

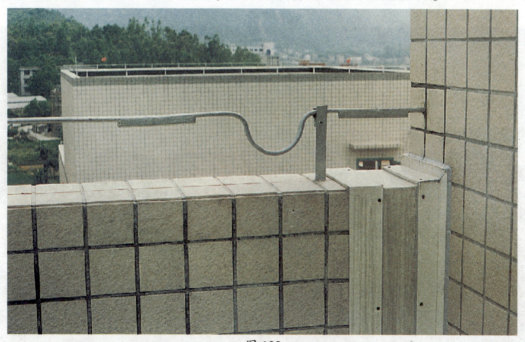

图 123

图123：跨越屋面变形缝的避雷带虽已设置弧形段补偿器，但补偿器设置位置不对，应置于变形缝的正上方或将避雷带支持件装置于补偿器的另一侧，才能使其真正起到建筑物变形时的补偿作用。

图 124

图124、图125：在屋面金属管的支架上焊接防雷接地引下线，既能满足《建筑物防雷设计规范》的要求，又能避免直接在管道上焊接而破坏管道的镀锌层，有利于管材的抗腐蚀性能。如能在管道支架、接地引下线(圆钢)及U形圆钢管卡上作出接地的标识，则更佳。

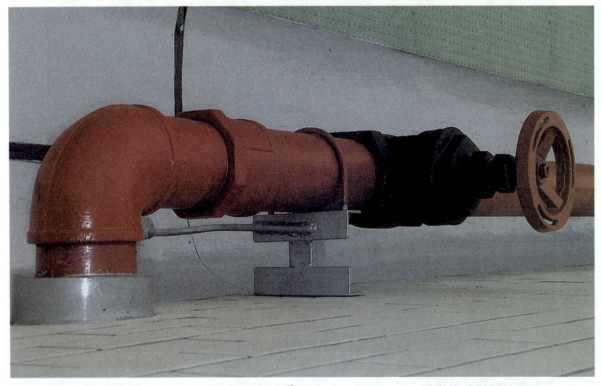

图 125

图 126

图126：作防雷连接的圆钢在屋面地砖下隐蔽敷设，在管道支架旁引上，与管道支架焊接且焊后进行了涂漆防腐处理，是屋面金属管道防雷接地连接的一种较好工艺方法。但防雷连接的焊缝尚欠平滑美观；且宜在支架、引上圆钢与U形管卡上作出接地的标记（如涂黄绿相间色漆）。管道支架下部外包水泥砂浆护脚墩是一种美观有效的防腐措施。

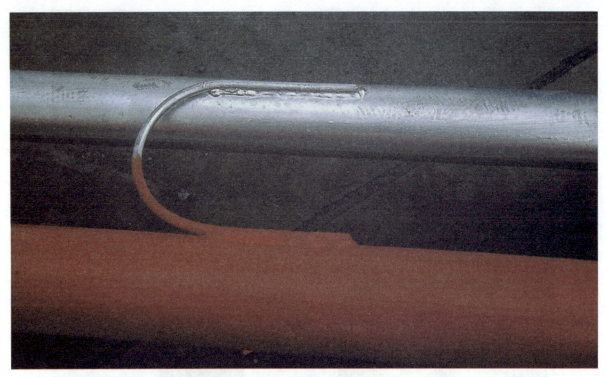

图 127

图 127、图 128：屋面金属管道和支架等虽已按防雷设计规范进行了等电位接地(含部分管件两端的跨接)连接。但在镀锌管上采用焊接连接会产生破坏管道镀锌层、降低防腐能力、影响管道使用寿命的严重缺陷(副作用)。

图 128

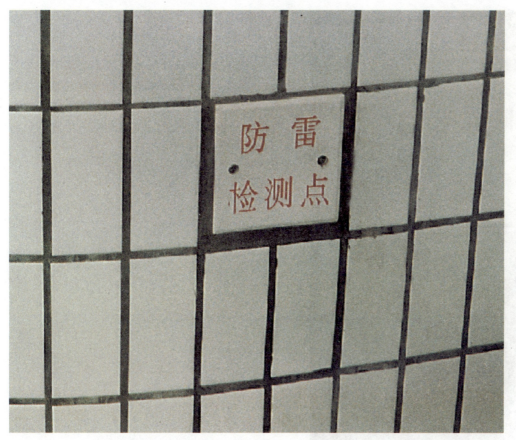

图 129

图 129：室外防雷检测点的盖板文字标识清晰，周边填缝工艺精细，与外墙所贴条形瓷砖协调美观。

图 130：室外防雷检测点的活门用不锈钢材料制作，防腐、美观，文字标识清晰。但在装检测点的暗藏箱时损坏外墙饰面，造成箱边的砖缝观感不好。

图 130

图131：建筑物防雷测试点配置了带标记的专用保护盒。但检测点引出的钢筋无防腐处理，且检测操作不便；应在引出处连接一防腐性能好的螺栓并配以螺母，以便于接地电阻的测试。

图131

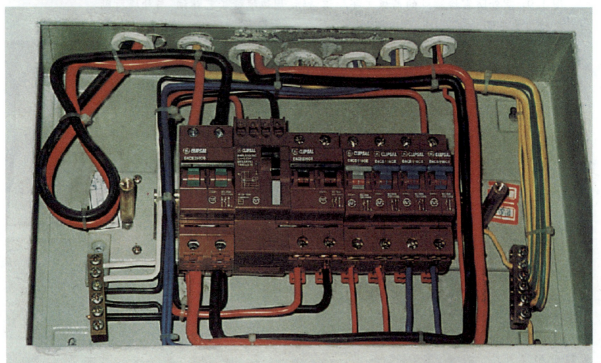

图132

图132：箱内结线中，所用零线颜色混乱，不符合《建筑电气工程施工质量验收规范》15.2.2条关于电线绝缘层颜色选择的规定。

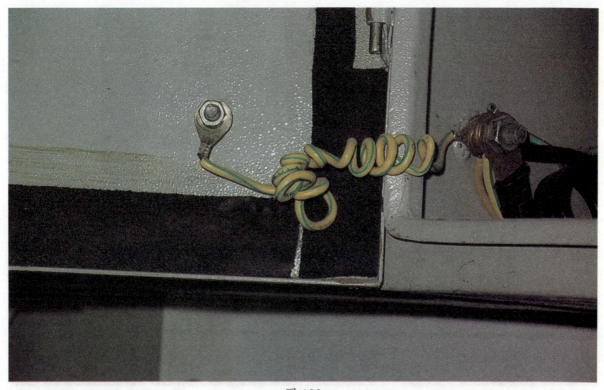

图 133

图 133、图 134：配电箱内多根地线连接在同一个端子上，未按《建筑电气工程施工质量验收规范》6.1.9 条要求配置保护接地结线汇流排，且部分保护接地线绝缘层的颜色未严格按 15.2.2 条规定采用黄绿相间色。

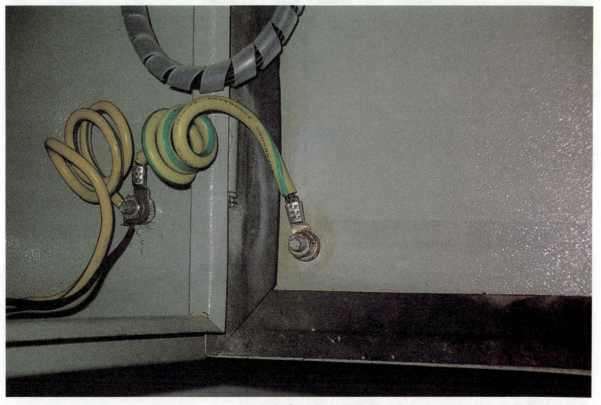

图 134

图 135

图135：保护接地(PE)线用蓝线和黑线，不合规范要求。由于PE线未用汇流排结线(多根PE线同接在一个接线端螺钉处)，导致箱内PE线的连接不可靠。

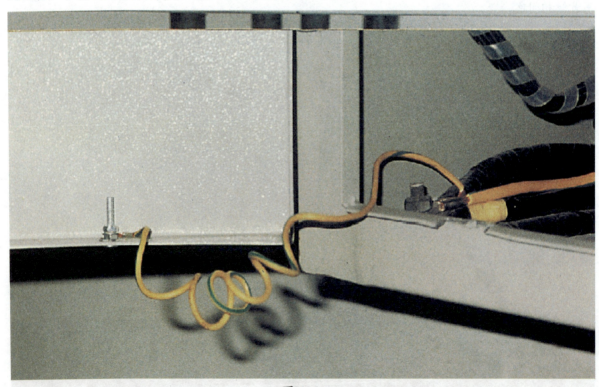

图 136

图136：配电柜门跨接线过长，易破损，并阻碍柜门关闭，且采用的跨接导线不符合《建筑电气工程施工质量验收规范》6.1.1条关于采用裸编织铜线的规定。

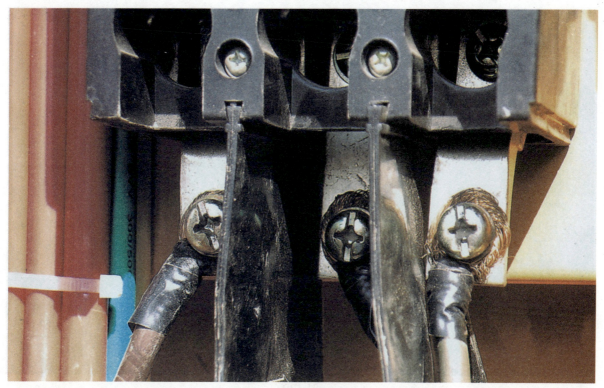

图 137

图137：配电箱内连接的多芯(股)电线未按《建筑电气工程施工质量验收规范》6.2.7条要求，采用压接式终端端子或作搪锡处理(使芯线不松散，不断股)。

图 138

图138：配电开关箱内的多芯(股)PE线未按《建筑电气工程施工质量验收规范》18.2.1条要求进行端部拧紧搪锡处理。另外，导线连接后外露过长也不美观。

69

图 139

图 139、图 140：配电箱与导管连接未按《建筑电气工程施工质量验收规范》6.2.8 条的要求采用配件，箱体开孔与导管尺寸不适配。导线绝缘层颜色未按 15.2.2 条规定进行选用。且多股导线端部未按 6.2.7 条规定设不开口终端端子(线耳)或搪锡后插入螺钉孔紧固与汇流排连接。

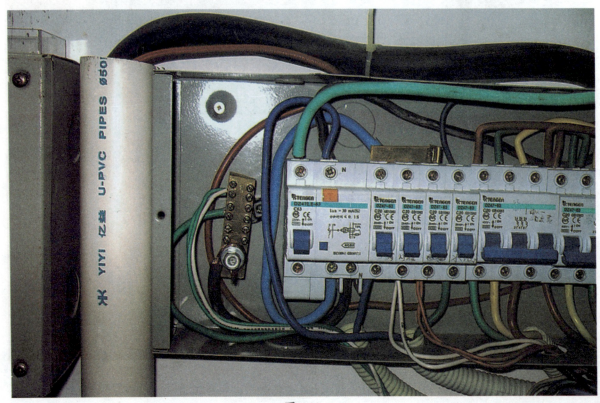

图 140

图141：线槽入箱过长。接地保护线与箱体接地端连接工艺粗糙，连接不可靠。应该用线耳(鼻)加垫圈、弹簧垫圈和螺母作连接紧固。

图 141

图 142

图142：配电箱门未跨接地线，不符合《建筑电气工程施工质量验收规范》6.1.1条的规定。箱内部分接地线未按《建筑电气工程施工质量验收规范》15.2.2条规定选用绝缘层为黄绿相间色的导线。且箱内电线布置混乱，进(出)线管口未设护套(护嘴)。

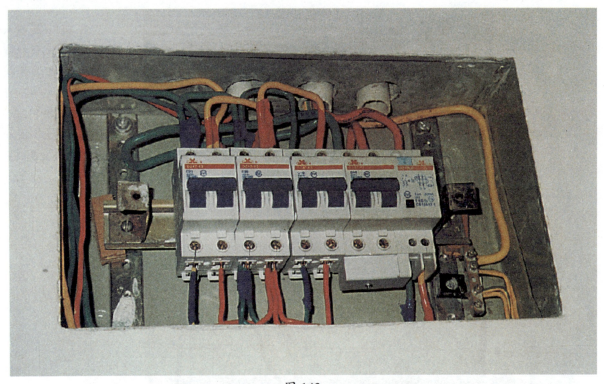

图 143

图143：箱内导线绝缘层的颜色不符合《建筑电气工程施工质量验收规范》15.2.2条的规定。结线后虽以塑料套管或胶带补作色标，但是不美观，不牢靠。箱内留线过长，结线不顺直美观。另箱内导线接入断路器后露出铜线芯过长；线管穿入箱内凸出过长且未使用配件；箱内用木板支垫，固定不牢；部分金属配件锈蚀。箱内安装接线的工艺水平和观感质量均较差。

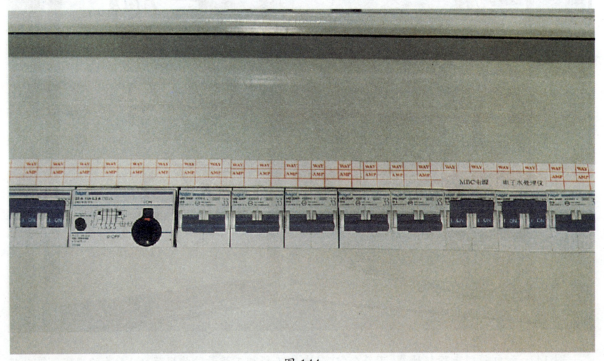

图 144

图144：开关箱内断路器的控制范围未按《建筑电气工程施工质量验收规范》6.2.4条关于盘上的标识器件标明被控设备编号及名称的规定标识齐全。

图 145

图145：插接母线槽穿楼板处封堵工艺差，母线槽周边楼地面开孔的封闭填充物破损，封闭不可靠。

图 146　　　　　　　　　　　图 147

图146、图147：线槽(管)穿楼板处未设置套管或阻水圈，与楼板接触部位已锈蚀。且线槽(管)外表被污染。

图148

图148：两段线槽体的电气跨接欠牢固可靠。盖板接口与槽体接口未错开一定距离，线槽表面污染，外观不良，接缝及封盖不严密。

图149：镀锌线槽转角处连接工艺粗糙，支架与线槽用点焊连接固定不牢靠。且焊接既破坏了线槽的镀锌层，使之降低防锈能力；也不便于拆卸。保护接地线采用绝缘层为红色的导线也不符合规范的要求。

图149

图 150

图 150：镀锌的金属导管与线槽焊连接，镀锌层受损，防腐性能下降。

图 151：导线穿墙未设硬套管保护。

图 151

图 152

图 152：吊顶内供配电线槽的选材（PVC 线槽）不当，不符合《低压配电设计规范》5.2.7 条有关吊顶内供配电线路应穿金属的导管或线槽的规定。且图中导线及接头外露，线槽固定方式不规范、不牢靠，存在电气安全的隐患。灯具吊杆加工工艺粗糙且未作防锈处理。

图 153：线槽穿墙敷设后，应将预留孔作封堵处理。

图 153

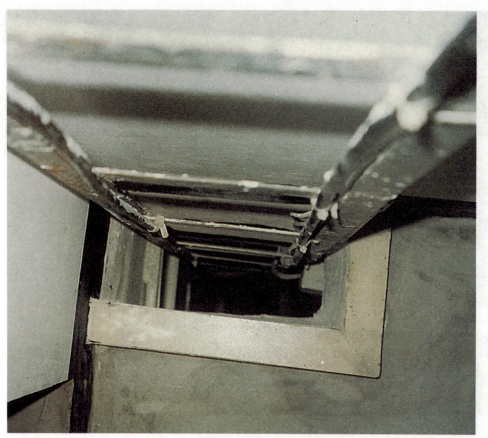

图 154

图 154、图 155：电气管道井未按《民用建筑电气设计规范》9.13.3 条的规定用不燃材料作封堵隔断处理。

图 155

图156

图156：金属线槽采用连接板两端各用一个抽心铝铆钉的跨接工艺，不符合《建筑电气工程施工质量验收规范》14.1.1条的规定，电气连接不可靠。

图157

图157：从线槽中引出的导线未穿管保护。金属软管未作接地跨接。

图 158

图158：镀锌导管线盒处采用焊跨接，不符合《建筑电气工程施工质量验收规范》14.1.4条的规定，应用专用地线卡连接铜芯软导线跨接。且线盒面板用铁丝绑扎不当，应用螺钉紧固。金属软管与线盒面板连接的接头无跨接地线。

图159：电线导管在屋面贴地敷设，造成管接头和跨接线夹锈蚀。屋面（潮湿场所）采用薄壁导管及配件不利于防腐。跨接线安装工艺粗糙，夹线连接不牢靠。

图 159

图 160

图 160：吊顶内金属软管未敷设到位，末端导线外露，存在隐患。

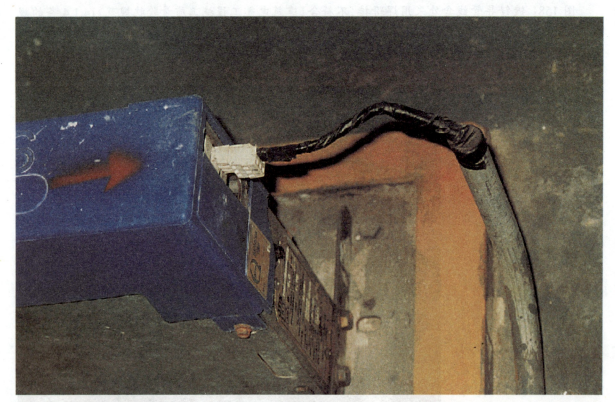

图 161

图 161：导管安装敷设不到位，管端至电气设备之间的导线因无穿管保护而外露，以致影响安全性能和观感质量。

图162、图163：水流指示（控制）装置和风阀控制装置的柔性金属导管（蛇皮软管）与电器连接不到位，使末端导线外露，无有效保护；且柔性导管锈蚀严重。另外，镀锌线槽转角连接工艺欠佳（图163）。

图162

图163

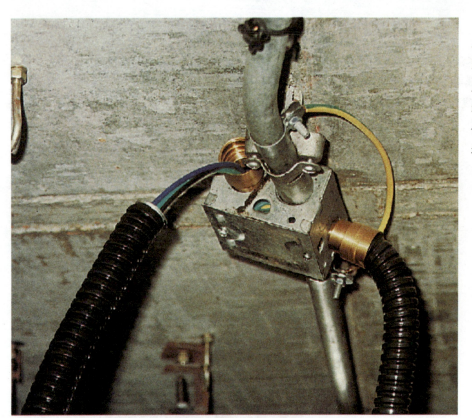

图164：金属软管与线盒的连接不牢靠、不到位，脱口后导线外露失去保护作用。金属线盒、金属软管未能与金属线管作接地跨接连通。

图164

图165

图165：导管、线槽穿墙处无封堵；部分电线外露，无管（槽）保护；且安装工艺粗糙。

图 166

图 166、图 167：吊顶内柔性金属导管接头处松脱，导线外露无保护，存在用电安全隐患。

图 167

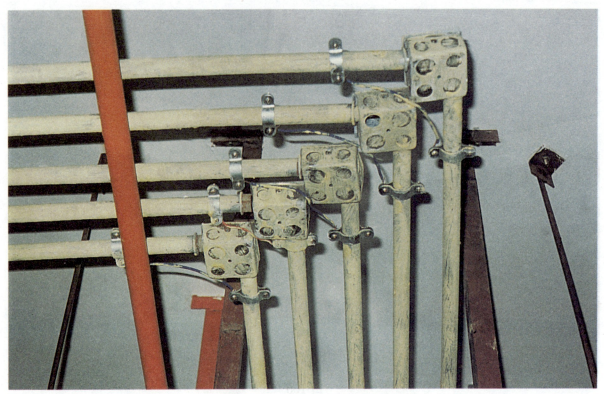

图 168

图 168：导管跨接导线时，应同时将线盒与导管用导线连通。且线盒连接孔盖有些被敲落，造成线盒封闭不良。

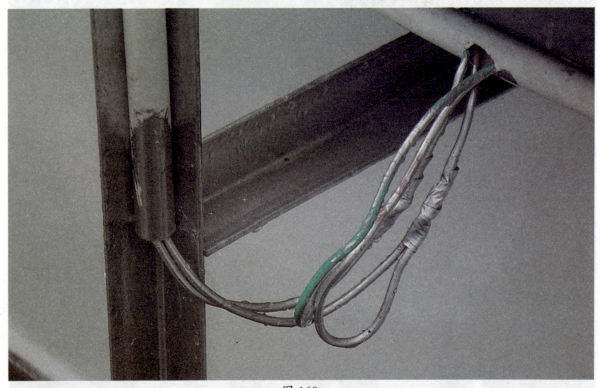

图 169

图 169：在导管中间随意开孔引出导线进行连接是不规范的工艺方法，使分支连接的导线和接头局部外露无保护，且观感质量差。应在管线分支连接处设接线盒及分支导管，导线接头应在线盒内。

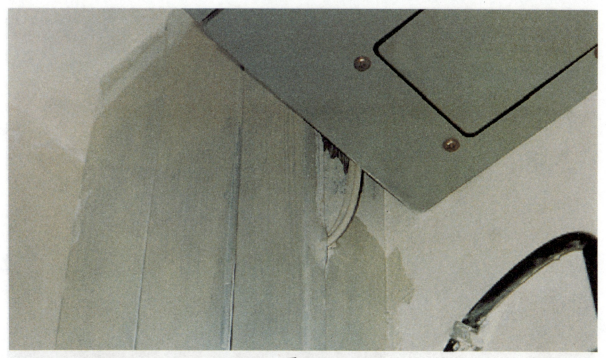

图170

图171

图170：导线从线槽引入线箱的工艺差。未在线槽上开孔接管引入线箱，致使引入线外露，造成线路保护不好、观感欠佳。

图171：因线槽穿楼板未设套管，以致修补楼板孔的水泥砂浆紧贴线槽，造成维修更换不便。另外线槽封盖不严。

图172

图172：在地面上装置普通壁装式插座(含底盒)，极易被压(撞)破或进水受损，安全性能差。导管沿地面敷设的安装工艺、使用功能和观感质量均差。

图173

图173：金属导管在屋面贴地敷设(其中局部敷设在排水沟内)，对线路的安全运行和寿命均有不利的影响。

图 174

图 174、图 175：导管与导管、导管与线盒之间采用套管加紧定螺钉连接，但未按施工工艺要求扭断六角螺钉头，使其成永久性连接。且外加 PE 跨接线的连接工艺(含选用线夹)不当，以致 PE 跨接线松脱。如已按相关施工验收规范的要求，将螺钉紧固后扭断六角头，则可不外加 PE 跨接线。

图 175

87

图176：导管弯扁，并有明显折痕，安装工艺及观感质量欠佳。且室外不应使用薄壁导管及非防水的线盒明装。

图 176

图 177

图177：引接屋面风机的PVC电线导管弯曲工艺不良，出现弯扁和褶皱；且无支架管卡固定。

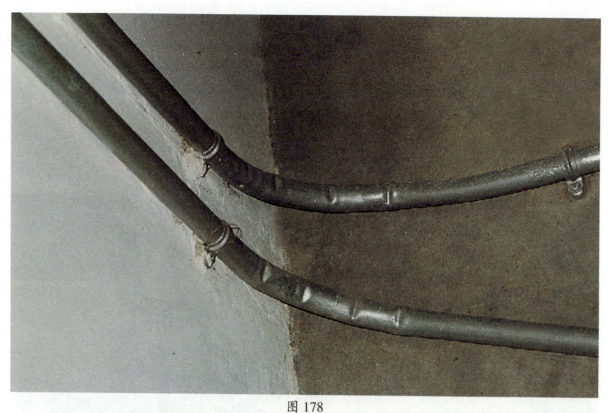

图 178

图 178：金属导管弯曲工艺差。因未使用专门弯管工具，使金属导管褶皱、凹陷及弯扁严重。

图 179

图 179：电动机电源线管弯管工艺差，出现褶皱、凹陷和弯扁，影响观感质量。

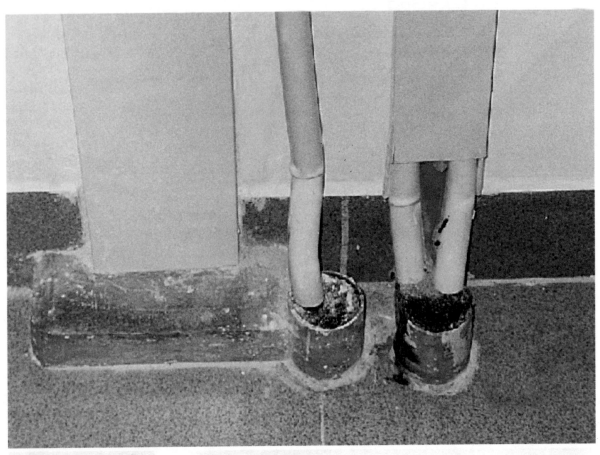

图 180

图180：塑料导管、线槽与穿楼板套管的连接工艺差,导管与线槽连接处工艺处理不当;线管弯扁褶皱;观感不佳。

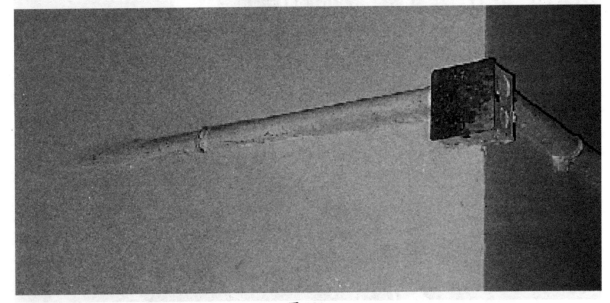

图 181

图181：导管既有嵌入抹灰层内,也有凸出抹灰层外,形成半明半暗的阴阳管,观感不佳。

图182

图182：安装位置低于2.4m的金属外壳灯具未引接保护地线，不符合《建筑电气工程施工质量验收规范》19.1.6条有关低位金属外壳灯具接地要求的规定。且导线接头的电工胶布包封不可靠，存在安全隐患。

图183

图183：屋面的建筑物景观照明灯具电源线随意乱拉乱接，且未穿管(槽)保护；灯具未装防护围栏，构架无固定，也无接地保护。不符合《建筑电气工程施工质量验收规范》21.1.3条、21.2.3条有关规定，使用功能、安全性能和观感质量均甚差。

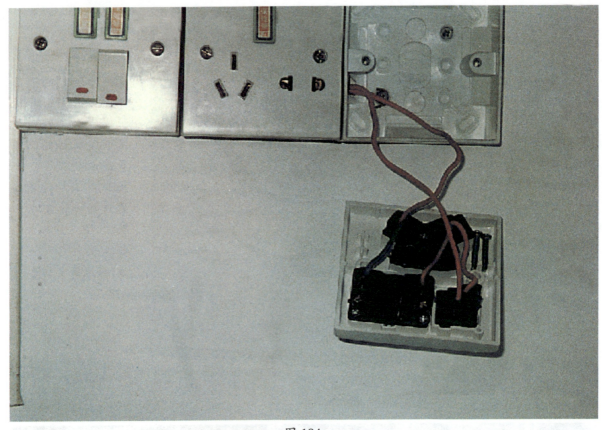

图 184

图 184：电源插座零线绝缘层的颜色不符合《建筑电气工程施工质量验收规范》15.2.2 条的要求，且三孔插座未设置保护接地线；存在严重的用电安全隐患。

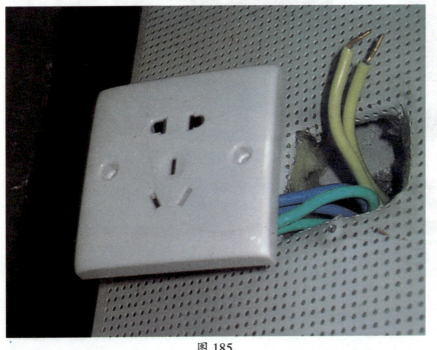

图 185：该插座接地保护线端子接入了两根导线（其中一根入该插座的来线，另一根为引至另一插座的去线，见图中露出线芯者），这两根导线在接入端子前未作不可分离的永久性电气联结；不符合《建筑电气工程施工质量验收规范》22.1.2 条规定，形成接地保护线在插线座间串联连接；且插座欠装底盒及与插座连接导线保护导管不全，插座面板连接固定不牢靠；存在电气安全性能不良的隐患。

图 185

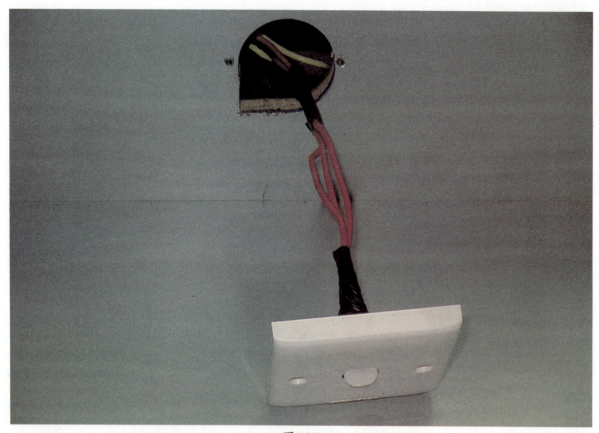

图 186

图 186：开关在木装饰板上固定,未装底盒;导线也无穿导管保护;电气装置与木板间无隔离措施,存在火灾隐患。

图 187：插座接地保护线中的来线、去线和接入插座端子线绞接后未焊锡处理,连接不牢靠;且单用绝缘胶带包封,日久胶带老化松脱会造成绝缘不可靠。

图 187

图 188

图 188：多根导线在同一螺栓处连接时宜先把导线压接在接线耳上，再把线耳与螺栓连接牢固。另外，将螺栓与镀锌扁钢焊接，会使镀锌层受损。

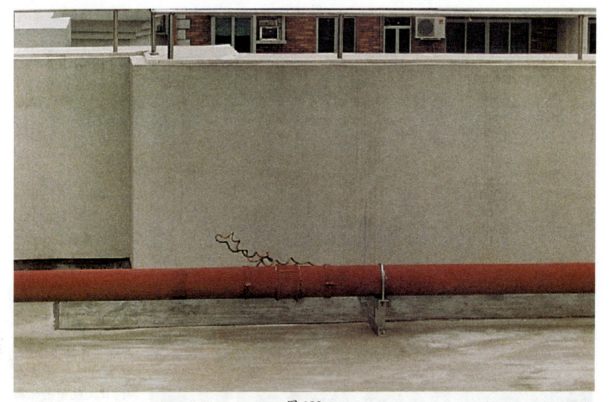

图 189

图 189：在消防管道上作防雷连接的跨接线太长，易被损坏，且不美观。按《建筑物防雷设计规范》有关条文规定，丝扣连接的消防给水钢管与钢管件连接处也不一定必须用导体作跨接处理。

图190

图190：避雷带未按《建筑电气工程施工质量验收规范》24.2.1条关于接地圆钢搭接长度的要求焊接。

图191：屋面消防管道的支架与防雷引下线连接处的焊接长度不足。且防雷引下线贴地敷设不利于防腐。

图191

三. 智能建筑(弱电)工程

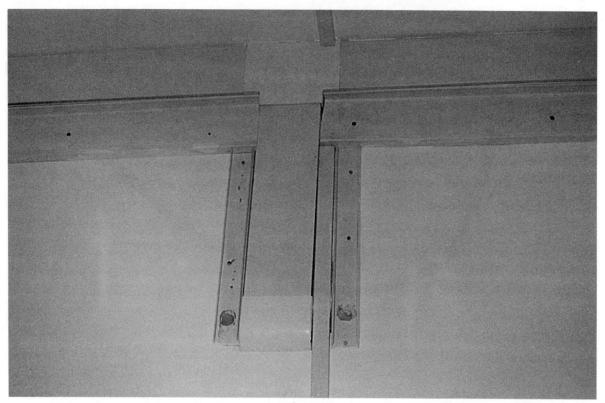

图 192

图 192：预留电视、电信线路的线槽及穿墙孔,充分考虑以后用户安装的需要,避免多次施工破坏墙面的装饰。

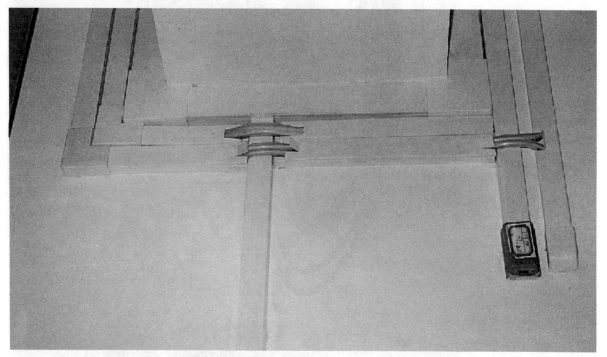

图 193

图 193：各类不同用途(含强电、弱电)的线路设计施工时未统筹考虑各自的安装位置和走向,导致线路敷设时发生占位性的重迭、互跨,造成线槽破损、导线外露等。既不利于线路的保护,又影响观感质量。

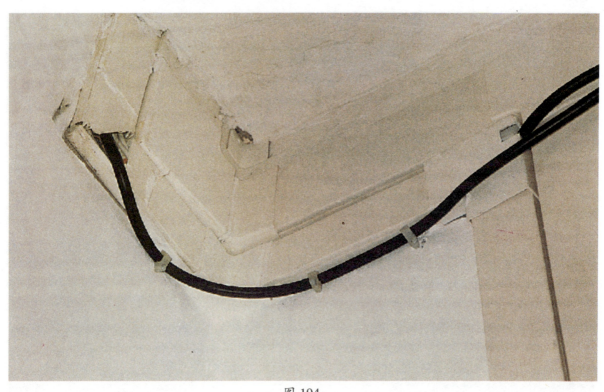

图 194

图 194：从线槽中引出明敷的电信电缆敷设工艺粗糙、不平整、不美观。

图 195：明敷的电信电缆排列欠整齐美观，电话线箱内接线极度凌乱。线槽盖板固定方法不当（不应用铁丝绑扎）。

图 195

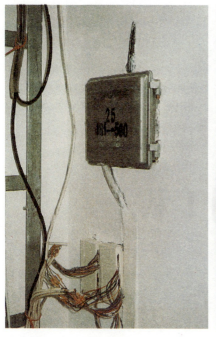
图 196

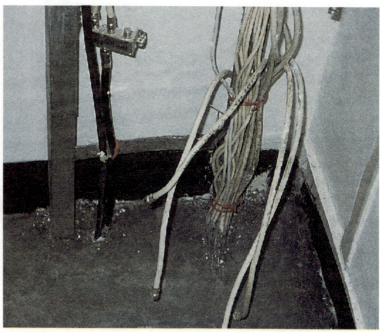
图 197

图 196、图 197：有线电视的信号电缆和电话线敷设随意无序、歪斜凌乱、工艺水平差、观感不良，不符合《建筑与建筑群综合布线系统工程验收规范》5.1.1 条有关缆线敷设的规定。且线路穿楼板处未设保护套管。

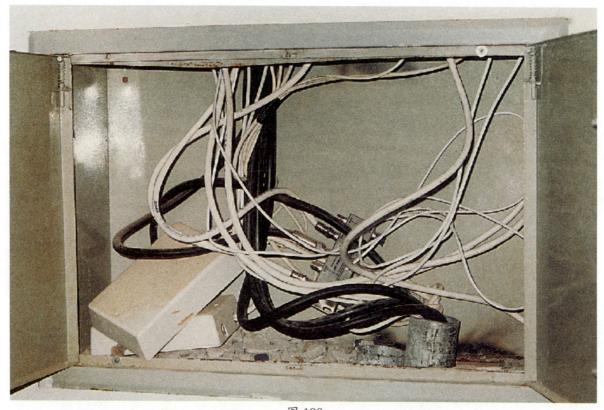
图 198

图 198：有线电视、电话等弱电线路接线箱内布线杂乱无章；线管入箱预留过长；接线盒与有线电视信号线分支器随意乱放，且未固定；观感差。

四. 通风与空调工程

图 199

图 199、图 200：大型中央空调系统冷水机组排列整齐美观；设备管线安装工艺精湛。机组基础之间分隔明显，且设明沟排水，使机房环境清洁。

图 200

图 201

图 201：空调冷冻机房内冷水机组和管线安装整齐美观，工艺精细。冷冻水管道绝热外包薄铝板保护并标示管道名称和介质流向。

图 202

图 202：空调冷冻水系统的水泵和管道的绝热工艺精细美观。

图 203

图 203、图 204：空调水系统(冷冻水和冷却水系统)泵房的设备、管道和管道配件排列整齐、美观,泵、管道和绝热安装工艺精细。

图 204

图 205

图205：空调系统设备机房内冷冻、冷却水系统的泵和管道排列整齐、安装工艺精细，涂色和文字标识明确，观感质量良好。

图206：管道系统中同一法兰选用规格一致的镀锌螺栓连接，且安装方向相同（即螺栓头部在同一侧），选用配件及连接工艺正确合理。在两大径阀门之间设置吊架有利于改善管段的受力状况和方便阀门的拆卸检修。

图 206

图 207

图207：空调冷冻水系统分水器及其进出水管、阀门的绝热工艺精细，管路编号和介质流向标志清晰。

图 208

图208、图209：分水器（集水器）与支架接触紧密，安装平正、牢固，绝热层密实、平整，管道及设备标识清晰；机房内设备布置美观合理，地面装饰精细，观感良好。

图209

图210

图210~图212：大型中央空调冷却水系统的冷却塔、水箱、管道、阀门排布整齐美观，管道色标清晰。阀门设置"常开"、"常闭"标牌，便于运行维护和检修。结合周边宽阔的绿地和城市建筑景观，更令人赏心悦目。

图 211

图 212

图213

图213：大型中央空调水系统的大径管道采用型钢组合双层吊架支吊。吊架设计合理，焊接工艺精良，强度和刚度满足支吊要求（其中作为横担的槽钢设置加强腹板，以提高其强度和刚度），防腐涂漆均匀美观。

图214

图214：通风机吊架安装合理，配置隔振器和柔性短管起到隔振减噪作用。同时在安装位置较低的吊架横担上涂以色标起到警示作用。

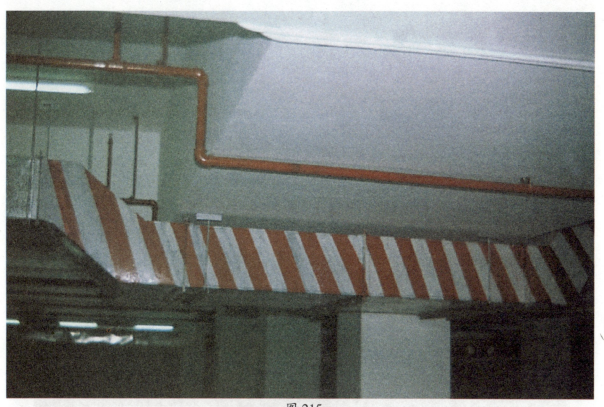

图 215

图 215、图 216：在安装标高较低的风管、风机上设置涂色警示标志或限高标志,以防碰撞。但在设警示标志的同时如能加设防碰设施则更佳。

图 216

图 217

图217：风管绝热层平正严密，胶钉分布均匀规整；吊架横平竖直。

图 218

图218：大型百叶风口安装平正，外表清洁美观，支吊牢固可靠。

图219：设于屋面的排气风道采用不锈钢风口，美观耐用。

图219

图220

图220、图221：在屋面的排烟(风)道口安装百叶或栏栅，且外装饰与建筑协调。使用功能和观感均佳。

图 221

图 222

图222、图223：空调冷冻水系统管道(含支吊架、木衬垫、管卡)安装规范，防腐良好，绝热严密。管道转弯处绝热材料的粘接包封工艺精细(图222)。

图 223

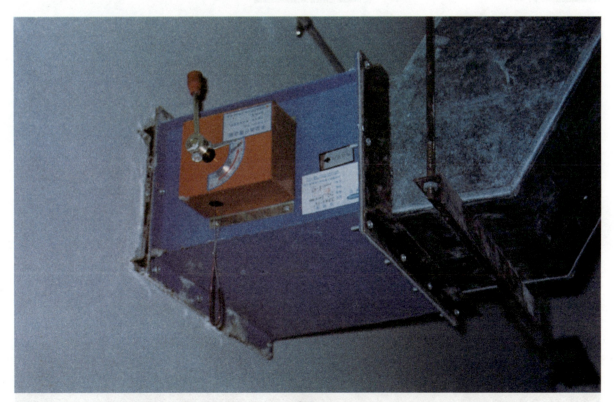

图 224

图 224：防火阀的安装方向、位置符合《通风与空调工程施工质量验收规范》6.2.5 条的有关规定。但风管穿墙未设预埋套管，不符合 6.2.1 条的有关规定。且风管穿墙处工艺欠精细，阀外表被污染。另外，防火阀与风管法兰连接所用螺栓过长。

图225：风管加工制作工艺不规范(引出支管未使用三通接头)，短管(配件)与风管连接工艺十分粗糙，接缝处出现极为明显的孔隙和不平整，导致明显漏风。

图225

图226

图226：引出的短风管的连接工艺差，接口周边明显可见的孔隙未作密封处理，导致漏风量增大，不符合风管严密性要求。

图 227

图 227：与风机接口连接的风管段未加装吊架，使风机出口的软接头可能承受不利的附加载荷。

图 228

图 228：风管吊架安装不平正。

图229

图229：风管穿越不同的防火分区未加设套管。风管的法兰设置在墙体内不利于检修维护。风管与墙体之间空隙未封堵。

图230

图230：风管穿墙处未按《建筑设计防火规范》9.3.14条的要求进行隔断封堵；且用砖块作临时支垫不稳固，易掉下伤人。风管穿墙未设置套管，不符合《通风与空调工程施工质量验收规范》6.2.1条的有关规定。法兰涂漆污染风管。柔性接头安装时对中不准，造成扭曲现象。

图 231

图 231：风机与风管的安装位置不准确，导致软接头风管段两端的角钢法兰偏斜（两端的角钢法兰不平行）。

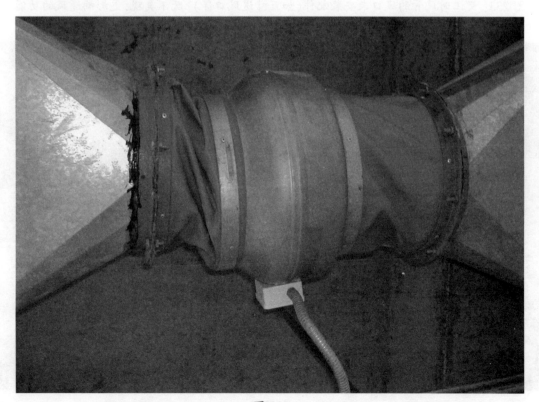

图 232

图 232：风管与轴流风机连接的安装工艺差。风管与风机轴线错位（偏斜不对中），强行连接使软接头扭曲。另软接头的连接不严密，在金属与纤维布接口处漏风量偏大。

图 233

图 233：交工时风管的风口未安装配件(如百叶送风口等)。既不美观,更影响通风的功能。

图 234

图 234：送风口散流器与顶棚装饰板面贴合不紧密,边缘露出缝隙,影响吊顶装饰整体美观。

图235

图235：风管绝热层包封不严密，平整度差；且由于保温钉数量不足，导致风管底面绝热层下垂。

图236

图236：屋面烟道(风道)口未设置防止杂物进入的防护装置(如网罩、栏栅等)。

图 237

图 237：空调机组大跨度支架的型钢选材不当，使支架刚度不足。在支承空调机时造成支架明显的弯曲变形。且空调机组安装无隔振装置；凝结水管未引向排水点（凝水直接排在金属支架上），造成支架锈蚀。

图238：空调冷冻水主立管竖向支承的支托架与立管直接焊连接，产生"冷桥"，给以后立管的绝热施工增加难度。一旦支托架不能全部绝热包封，则支托架处会出现结露现象，既增大能量损耗又弄湿管井。

图238

图239：空调冷冻水横干管在吊架木托处绝热包封不严密，不美观。

图239

图 240

图 240：阀门与管道之间的绝热施工工艺差,绝热材料拼接不美观。

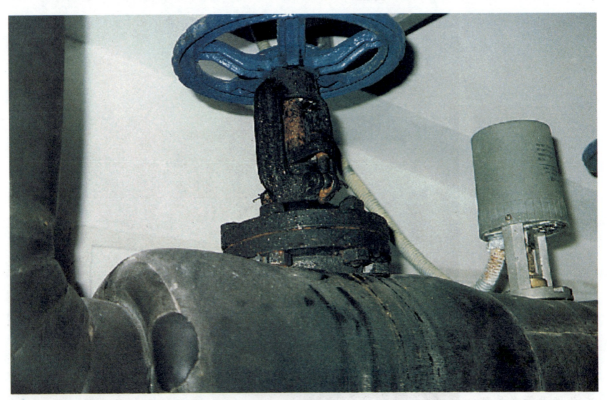

图 241

图 241：空调冷冻水管阀门未作绝热处理,引起阀门结露锈蚀;不符合《工业设备及管道绝热工程设计规范》5.2.9条的规定。既不利于空调系统的节能和延长零部件的使用寿命,又影响环境清洁和观感。

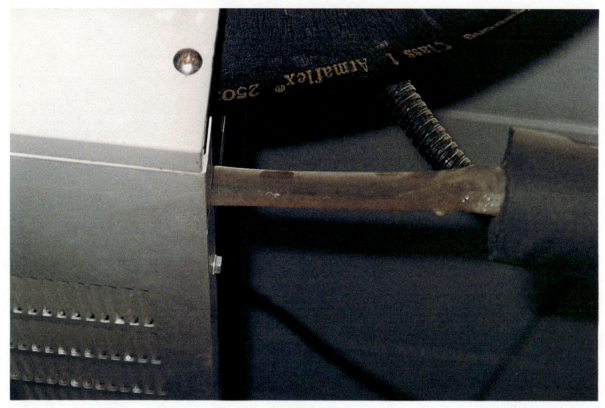

图 242

图 242：从风机盘管集水盘接出的凝结水排放管道因绝热包封不到位，致使排水塑料软管表面结露滴水。

图 243

图 243：机房内冷凝水管道安装不到位，冷凝水随意排放弄湿地面，影响机房环境清洁。

五. 电梯工程

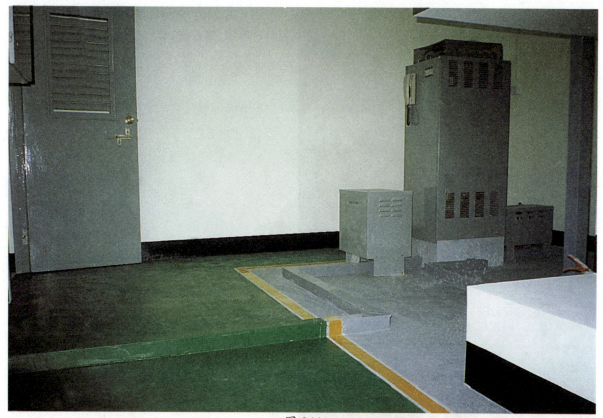

图 244

图 244、图 245：电梯机房设备布置规整，操作运行区与巡视维修区标识明确。但机房门向内开启，不符合《电梯制造与安装安全规范》6.3.3.1 条的规定。

图 245

图246：电梯机房内所设置安装维修用的吊环，限载标识清晰，但欠涂漆防腐处理。

图246

图247：电梯机房内沿地面敷设的金属线槽布置平正，周边贴瓷砖镶嵌，与地面装饰协调又有保护作用；线槽盖露出，不影响维修拆卸。曳引机承重梁支墩施工精细，观感良好。

图247

图 248

图 248、图 249：曳引轮配置了防护罩（图 248），且曳引机支架的锐角处涂以清晰的安全警示标识，操作运行区与巡视区之间也涂以清晰的安全警示标识。机房地面涂地板漆处理，美观且不易产生灰尘；并配置了降温用的空调器和应急照明灯。使用功能、安全性能和观感质量均佳。

图 249

图 250

图 250：金属柔性导管(蛇皮软管)与电机接线盒的连接配件齐全,工艺尚好。但金属柔性导管尚未作保护接地的连接。

图 251

图 251：驱动主机引入(引出)的电气线路配管采用防护和耐用性能均较好的可挠性金属导管；且与接线箱连接严密。但导管排列的观感质量尚欠佳。

图 252

图252：电梯机房内驱动主机(曳引机)、限速器等部件的安装布置整齐、美观。可拆卸的紧急操作装置(盘车手轮和松闸扳手) 置于驱动主机附近易接近处，且紧急救援操作说明贴于紧急操作时易见处(贴于紧急操作装置上方的墙上)，符合《电梯工程施工质量验收规范》4.3.1条的规定。但电梯机房墙上增设的一些其他管线设施不符合《电梯制造与安装安全规范》6.1.1条的规定。

图253：限速器钢丝绳穿机房楼板的孔洞虽基本符合《电梯工程施工质量验收规范》4.3.6条的要求，但孔洞和台缘的土建施工工艺粗糙，且限速器护罩被污染。

图 253

图 254

图254：在电梯机房及其延伸的井道内安装与电梯无关的其他专业管线(如排水管等)。不符合《电梯制造与安装安全规范》5.8条及《电梯工程施工质量验收规范》4.2.5条的规定；也不符合《电梯制造与安装安全规范》6.1.1条的规定。

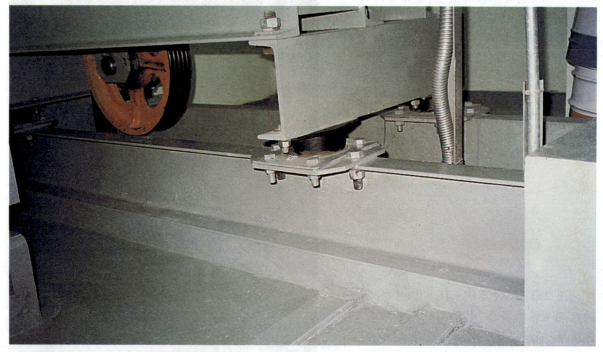

图 255

图255：电梯曳引机承重构架钢梁与楼板间进行二次灌浆填实，使楼板承受额外的附加载荷。影响建筑结构强度。

图 256

图 256：电梯机房内贴地敷设的线槽接驳和转角处工艺欠精，接缝不严密、不平顺；观感质量欠佳。

图 257

图 257、图 258：电梯机房曳引钢丝绳四周防护台阶过低或未设置防护台阶；且楼板开孔过大或位置偏移，使钢丝绳离孔边间距不均匀。均不符合《电梯工程施工质量验收规范》4.3.6 条的有关规定。

图 258

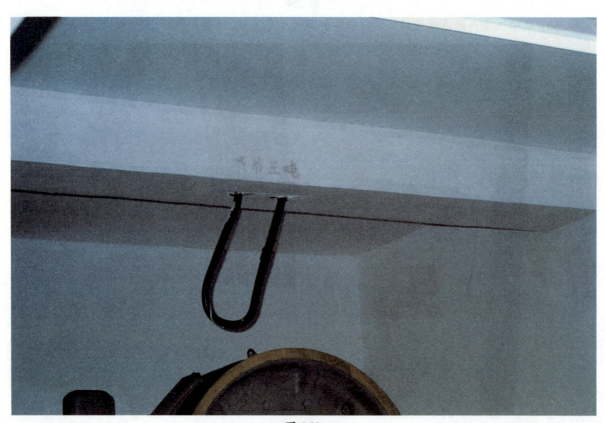

图 259

图259、图260：电梯机房内安装维修用的吊环预留过长及偏斜，影响曳引主机维修吊装，也不利于建筑结构梁的承载。且吊环未设限载标识或标示不明显。

图 260

图 261

图 262

图 261、图 262：电梯机房内金属可挠性导管与金属线槽的连接配件齐全，但金属可挠性导管与金属线槽等未作保护接地，不符合《电梯工程施工质量验收规范》4.10.1 条的要求，同时金属可挠性导管及电梯曳引机承重梁均锈蚀，可挠性导管用尼龙扎带绑扎的固定方式也欠牢靠。

图 263

图 263：电梯曳引机制动器进线接口金属柔性导管松散脱口，导线局部外露，保护不良。

图 264

图 264：电梯机房内主电源开关箱进出线未作保护封闭；保护接地线的连接和敷设工艺差，连接不可靠；220V 与 36V 的插座设在同一面板上，断路器开关箱正面的空位未加配件封盖；电气安全性及观感质量均不佳。

图 265

图 266

图 267

图 265~图 267：电梯层站安装召唤盒(运行显示盒)的面板与墙体装饰面贴合平正。但因墙体贴砖开孔偏大，面板不能全部将其遮盖，开孔周边局部外露，影响美观。

图 268

图 268：电梯层站召唤盒的面板凸出墙面，观感不良。

图 269

图 269：自动扶梯端部机房盖板(即扶梯出入口踏板)建筑物的装饰完成后与地面出现高差,采用局部微小斜坡式的地面块料铺贴工艺作补救。因此,不同专业工种(电梯安装和建筑装饰装修)应努力配合协调,尽量使两完成面消除(减少)高差,以利扶梯乘客的安全方便。

六. 兼有两个以上分部的建筑设备安装工程

图 270

图270：在大型公共建筑内安装的各种管线布置合理，平直、整齐，观感优良。

图 271

图271~图280：在大型建筑设备机房内安装的各种设备、管线及其支吊(托)架排布平直整齐，工艺优化。

图 272

图 273

图 274

图 275

图 276

图 277

图 278

图 279

图 280

图 281

图281：各种管线排列整齐美观；避让转角处选用配件和工艺正确，尺寸准确。

图 282

图 282~图 286：大型中央空调冷冻、冷却水系统的水泵、管道和电气线路在机房内排列整齐美观，安装工艺精湛。泵基础四周设置明沟可避免机房地面积水，有利于改善设备运行的环境，延长设备的使用寿命。

图 283

图 284

图 285

图 286

图 287

图287：泵房内的管道、阀门、水泵、气压罐、水箱和导管、线槽等排布合理、整齐美观。从房顶线槽引下的多根水泵电动机电源线导管下端以竖向门式支架和管卡作成排固定，牢靠美观。导管与线槽、导管与电动机外壳以接地专用管卡进行接地连接（跨接），水泵基础侧地面引出涂以黄绿相间色标的扁钢与水泵机架作等电位接地；接地工艺方法较为规范可靠。但水泵吸入侧的供水干管安装标高偏低，使干管上的阀门和管端盲板贴地。

图 288

图288：消防泵房内的管道、阀门、水泵、气压罐和线槽、导管等排布合理，整齐美观。水泵、管道的系统功能和介质流向标识清楚。从房顶引下的水泵电动机电源线导管、线槽下端均设竖向支架作固定支承，牢靠、美观。

图 289

图289：空调冷水机房内冷冻水系统的管道、阀门、绝热、支架、自动化仪表及其管线安装工艺精细，观感良好。机房内墙上装置的扁钢接地干线涂以清晰的黄绿相间色标。

图290．屋面排烟(风)道口防护设施齐全。消防给水管道及其支架(含管卡、护脚墩)平正。屋面建筑设备不但使用功能与建筑物配套,而且与整体建筑装饰协调,达到美观和实用统一。

图290

图291

图291：低电配电柜排列整齐,配套的通风、照明设施齐全;机房各种设备(器具)布置美观,运行(操作)环境良好。

图 292

图 292、图 293：空调机房设备布置整齐、安装工艺精细,操作区照明充分;空调设备(管线)与其他设备(管线)、空调设备与机房建筑装饰、设备的混凝土基础与地面装饰等协调配合,设备及其周边环境的观感质量均良好。

图 293

图 294

图 294：风管及电气管线排列整齐,布置协调,支托合理,工艺精细,标识清晰。

图 295

图 295：屋面的各种管线排布整齐、美观,管线及其支架工艺精细。

图296：屋面各种管线、设备布置整齐，线槽平直，配件齐全；观感良好。

图296

图297：消防给水管，电线导管跨过建筑物变形缝处配置了补偿装置。管线布置平正、美观，标识清晰。

图297

图 298

图 298、图 299：各种管线敷设平直，布置美观。管道防腐涂漆均匀，色标明确。

图 299

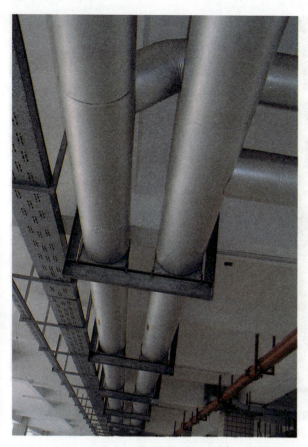

图300：各种管线平直整齐，支吊架间距均匀，绝热管道外包保护层严密，各专业工种工艺精细，观感良好。

图300

图301

图301：屋面的空调设备和各种管线布置美观，安装工艺较为精细。

图 302

图 302：绝热管道保温严密，外护层平整、美观；但排水系统的通气管高度不足(<2m)，沿女儿墙敷设的 PVC 电线导管局部不平直。

图 303

图 303：各种管线安装平直，排列整齐，观感良好。但排水 PVC-U 管选用支架不当（管与 V 形管托支承件接触面积过小，且欠管卡）。

图 304

图304：管道穿过屋面采用套管的做法规范；利用管道支架与防雷引线(圆钢)焊接是对屋面镀锌管道进行防雷连接的可行做法。但防雷引线焊接的搭接长度不足。

图 305

图305：线槽上方敷设给排水管道的布置欠合理，虽然在线槽上方的局部设置了"挡水板"作迫不得已的"补救"，但其作用效果经不起质疑。

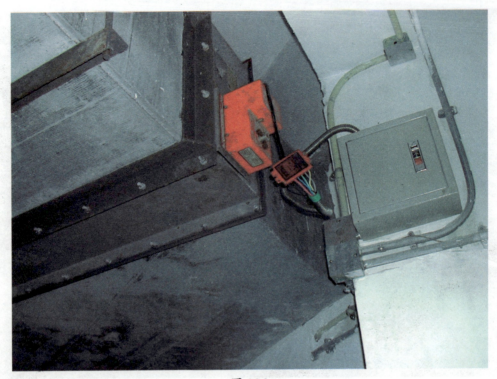

图 306

图306：风管电控风阀的连接导线的柔性导管保护不到位(露线)，控制箱外的接线模块无固定。风管吊架的横担也有锈蚀。

图 307

图307：屋面敷设的线槽未采取防雨(水)措施；槽内电缆电线敷设零乱，且强弱电线(缆)同槽的敷设方式不利于安全运行和维护检修。

图308:供电线路与弱电线路在同一箱内,敷设凌乱,电气安全性能和观感质量均差。

图308

图309:在电气竖井内敷设的强弱电线路混乱,弱电控制箱缺箱盖保护,强弱电线路同槽敷设,工艺水平、使用功能、安全性能和观感质量均较差。

图309

图310：消火栓箱内栓口阀门装在门轴侧，过于靠近箱内侧壁，不符合相关规范规定要求，增加了栓口连接水龙带的难度，不利于及时扑灭火灾。另在箱体顶框处安装火灾报警与消防联动电气元件，难以可靠固定且观感甚差。

图310

图311

图311：强弱电插座与建筑饰面砖的开孔不匹配，周边缝隙过大，观感质量差。

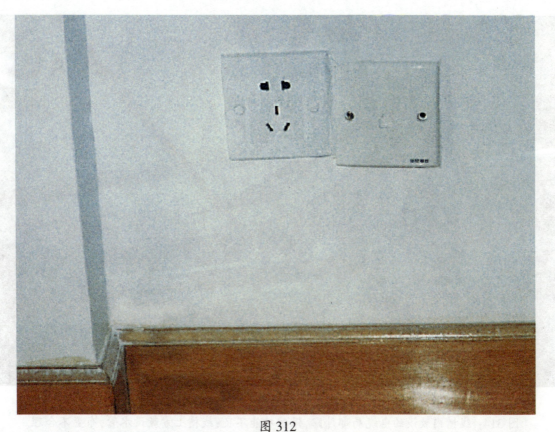

图 312

图312：并列安装的电源插座和电话线插座面板错位，高度相差过大，且歪斜，观感差。

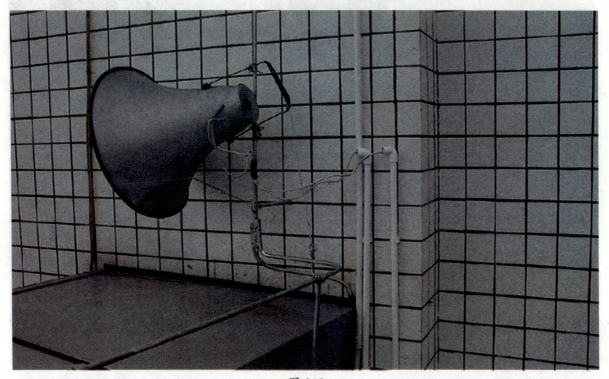

图 313

图313：屋面上的广播喇叭用铁丝绑扎在防雷带上，固定不牢固、不美观，且对防雷带增加不利的附加载荷。广播线局部未穿管保护，接头连接不可靠，且广播线路和设备易于遭雷电破坏。

图 314

图 314：线槽内敷设的电缆局部外露，保护功能不良；线槽上方敷设水管，布置不合理。

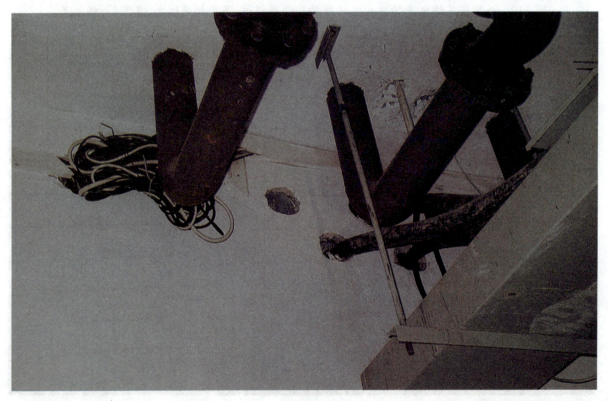

图 315

图 315：电缆穿墙孔未作防火封堵。电缆在线槽内敷设工艺不良，电缆表面污染。塑料线槽端部出线凌乱。水管敷设在线槽上方，布置不合理。

图 316

图316：从消防给水立干管上以焊接方式引出支管作生活给水用，不符合有关规范要求。且支管局部锈蚀，另电线导管表面污染。

图 317

图317：吊顶内：风管保温层破损；消防喷淋管道和喷头歪斜；金属软管端部导线外露，存在安全隐患。

图 318

图318：管道使用不等径的冲压三通，使管道汇流截面变小。管道防腐油漆工艺差，面层油漆脱落，管道局部开始锈蚀。电线导管用铁丝随意绑扎在水管上而未单独设置支架(管卡)。

图 319

图 319：消防管道穿墙处未按《自动喷水灭火系统施工及验收规范》5.1.8 条规定加设套管和封堵。且明敷的电线敷设工艺和观感均欠佳。

图 320

图 320：金属软管端头导线外露，失去保护作用。金属线管跨接线过长，工艺差、不牢靠，且电线导管与线盒、软管未用导线连通。导管的支吊不应依附于消防水管，应独立设置支吊架。导管与其他管道间距不符合《民用建筑电气设计规范》9.4.7 条的有关规定。

图 321

图 321：镀锌线槽外侧的接地保护线(圆钢)与线槽焊接,使镀锌层被破坏。线槽与其他管道之间距离不符合《民用建筑电气设计规范》9.4.7条的要求。且线槽吊架未刷面漆,影响观感。

图 322

图 322：各专业管线布置未作协调统筹,布局不合理(一般消防水管道应敷设在其他管线的下方)。

图323

图323：水管接口外露麻丝未清除，观感不良。塑料导管上连接的金属接线盒体未作保护接地，未装盒盖板，电气安全性能不良。

图324

图324：吊顶内镀锌导管的支吊扁钢歪斜，工艺水平欠佳；柔性导管端部脱口，导线外露；电源插座及插头连线（无导管保护）装在吊顶内，使用功能和安全性均不好；存在电气安全的隐患。金属软风管端部连接不到位，且用电线捆绑吊挂的固定方法不妥。

图 325

图 325、图 326：线槽穿楼板处未用不燃材料封堵,排水管与电气线槽共井敷设,不符合《民用建筑电气设计规范》9.13.3 条和 9.13.8 条的规定。另图中从线槽引出的导线穿楼板无套管保护。

图 326

图 327

图 327：集水井四周无防护措施(护栏或护盖)。且在集水井内(潮湿场所)用镀锌柔性导管不利于防腐。柔性管接头的法兰因防腐不良出现锈蚀。

图 328：压力表未安装缓冲弯管。电线导管与电机接线盒连接不到位。

图 328

七. 附录：点评依据（参考）的主要技术标准、规范目录

建筑工程施工质量验收统一标准(GB 50300—2001)

建筑给水排水及采暖工程施工质量验收规范 (GB 50242—2002)

建筑给排水设计规范 (GBJ 15—88)

高层民用建筑设计防火规范 (GB 50045—95)(2001 年版)

自动喷水灭火系统设计规范(GB 50084—2001)

自动喷水灭火系统施工及验收规范 (GB 50261—96)

建筑给水硬聚乙烯管道设计与施工验收规程 (CECS 41:92)

建筑排水硬聚氯乙烯管道工程技术规程 (CJJ/T 29—98)

建筑电气工程施工质量验收规范 (GB 50303—2002)

民用建筑电气设计规范 (JGJ/T 16—92)

低压配电设计规范 (GB 50054—95)

电气装置安装工程盘、柜及二次回路结线工程施工及验收规范(GB 50171—92)

电气装置安装工程接地装置施工及验收规范 (GB 50269—92)

建筑物防雷设计规范 (GB 50057—94)

智能建筑工程质量验收规范 (GB 50339—2003)

建筑与建筑群综合布线系统工程验收规范 (GB/T 50312—2000)

通风与空调工程施工质量验收规范 (GB 50243—2002)

建筑设计防火规范 (GBJ 16—87)(2001 年版)

工业设备及管道绝热工程设计规范 (GB 50264—97)

电梯工程施工质量验收规范 (GB 50310—2002)

电梯制造与安装安全规范 (GB 7588—95)

电梯安装验收规范 (GB 10060—93)